最炫家居风

李江军 编

The most beautiful home style

低调华丽风

Low−pitched luxurious style

中国电力出版社
CHINA ELECTRIC POWER PRESS

内容提要

本书内容以实景家居设计案例为主，每个案例带有彩色户型图、案例资料、案例说明以及设计点评。多样的设计方法和功能细分的形式满足了读图时代的阅读需求，专业实用的文字贴士更容易帮助读者应用和理解。

图书在版编目（CIP）数据

低调华丽风 / 李江军编． — 北京 ：中国电力出版社，2015.1
（最炫家居风）
ISBN 978-7-5123-6851-4

Ⅰ．①低… Ⅱ．①李… Ⅲ．①住宅－室内装饰设计 Ⅳ．①TU241

中国版本图书馆CIP数据核字(2014)第283378号

中国电力出版社出版发行
北京市东城区北京站西街19号　　100005　　http://www.cepp.sgcc.com.cn
责任编辑：曹巍　胡堂亮　　责任印制：蔺义舟　　责任校对：朱丽芳
北京盛通印刷股份有限公司印刷·各地新华书店经售
2015年1月第1版 · 第1次印刷
700mm×1000mm　1/12 · 12印张 · 235千字
定价：38.00元

目录
Contents

清新情调空间

☞ 建筑面积

218m²

✄ 装饰主材

墙纸、银箔、软包、
白色护墙板、贝壳马赛
克、大花白大理石

🏠 设计公司

尚层装饰

👤 设 计 师

张恒

✉ 案例说明

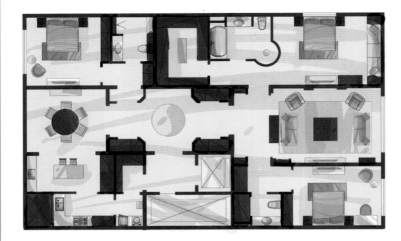

平面图

本案为三居室的大平层。从建筑外形来看，好似一个长宽比为16:9的长方形。很多墙体并非承重墙，需要设计师将各个功能间进行重新划分。首先，在进门处设计正圆形的玄关，通过地面拼花造型及吊顶做二次渲染。拐角过道处自然形成对称的储藏空间。进门左右手的空间分别是餐厅和客厅，遵循对称原则作了墙面、地面、顶面的设计。客厅的两边是两个带独立卫生间的卧室，而餐厅两边则分别是小房间和厨房。整个空间的色彩非常明快，白色为基调，配以家具的红或紫，对比强烈而个性鲜明。

📐 设计点评

马赛克铺贴玄关墙面

　　进门玄关区域做了马赛克的墙面铺贴，其弧形的造型非常适合用马赛克来作为其表面材质。铺贴马赛克有两种方式：一种是胶粘，具有操作便利的优点；还有一种就是水泥铺贴，其最大的优点是安装较为牢固，但需要注意选择适当颜色的水泥。

📤 设计点评

实用的卧室飘窗设计

　　很多住宅里面都带有飘窗，可以像本案一样做成休闲区，平时晒晒被子，天凉的时候放个坐垫，拿本小说，悠闲地享受下午茶时光。如果想更实用一些，可以在台面下方做开门柜和抽屉，增加储物功能。

设计点评

吧台增加生活情趣

　　西厨区的吧台别具一格，形式类似岛台却又做了半高半低的设计，让做饭变成了一种生活的乐趣。此类吧台要注意安装后的地面固定，必要时应用膨胀螺丝将其牢牢地固定在地面上，以免因为重心不稳而出现侧翻。

本案的客厅和餐厅及房间以过道为主线向两侧排布，从门厅开始，每个峰回路转之处都会设计一个个性鲜明的端景，或是体积不大的装饰矮柜，或是一幅唯美的装饰画。客厅为下沉式的设计，增强了整个空间的层次感。色彩上以浅色系为主，简约、唯美，让业主感受到生活的恬淡美好。设计师将墙面、陈设柜、橱柜全部设计成白色，流露出主人对于典雅生活的钟爱之情。浴室镜也采用了浅色系，简单雅致，摒弃了繁复的装饰，让家居生活更趋向现代化的简约，让业主在妙不可言的环境中享受美好人生。

平面图

感受恬淡美好

🏠 建筑面积

268m²

🪟 装饰主材

墙纸、石材、白色护墙板、彩色乳胶漆

🏠 设计公司

SCD 香港郑树芬设计事务所

👤 设 计 师

郑树芬

杜恒

石材拼花装饰餐厅地面

  客厅和餐厅区域的地面选择了石材拼花做装饰，灰色和米白色交相辉映。选择石材时切记不要选择微晶石作为地面材质，因为其表面的玻璃使用久了容易产生划痕。若业主选择大理石铺贴地面,则需要对大理石进行抛光打磨处理,以提高其色泽度。

白色护墙板带来清新气息

护墙板与墙纸的搭配让人感觉典雅清新，但因为护墙板有一定厚度，所以不适宜安装在面积较小的房间里，否则会显得空间局促。另外，层高较低的房间也不宜选用。因为室内装上护墙板后，把墙面色彩分成上下两段，若房间高度较低，视觉上则会觉得压抑。

☑ 设计点评

厨房移门设计

　　厨房做了移门的设计，且将门完全嵌入墙体之内，从而保证门打开后的开阔性。施工时，注意厨房内侧的墙体尽量用砖砌墙，以便于墙砖的铺贴。同时，若设计的是吊轨的移门，则需要在门头提前进行轨道的安装。

洛可可迷情

建筑面积
188m²

装饰主材
墙纸、石材、银镜、
石膏雕花、彩色乳胶漆

设计公司
方振华创意设计

设计师
方振华、郑蒙丽

本案利用门厅对客厅和餐厅做了区域的划分，通往卧室和卫生间的过道也被设计于此，具有一定的隐密性，充分保证了主人对卧室高度静谧的要求。主卧朝南，配备单独衣帽间和独立卫生间。女儿房紧挨着书房，圆形床的设计满足了小女孩对温馨浪漫环境的追求。老人喜欢温暖的阳光，因此将其卧室安排在朝南的区域，并且通过隐形门的设计将老人房间的门做了隐藏。

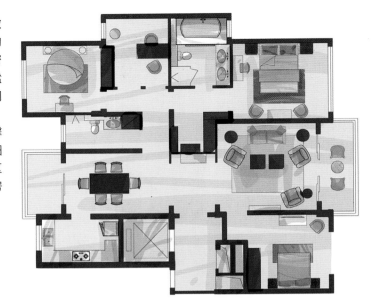

平面图

石膏浮雕与壁炉上的雕花图案互相呼应

本案做了满吊顶的设计，顶面的石膏浮雕与壁炉上的雕花图案互相呼应，营造出典雅华丽的氛围。设计师还将射灯安置在吊顶处烘托气氛。这里需要注意暗藏筒射灯的高度至少为 6cm，否则会出现暗藏灯明装的尴尬。

线条与墙纸相结合的设计方式

　　书房的墙面采用线条与墙纸相结合的设计方式。在选择线条时，注意考虑其硬度和价格，建议采用 PVC 线条，既具有较好的硬度，同时相对于昂贵的实木线条来说，还可以节省一半的费用。

假日风情

建筑面积
242m²

装饰主材
墙纸、布艺、马赛克、饰面板、石材

设计公司
SCD 香港郑树芬设计事务所

设计师

郑树芬
杜恒

✉ 案例说明

本案户型南北通透，客厅和餐厅面积极大，设计师对此作了较为合理的分割，从南到北依次为客厅、过道、影视区、餐厅及休闲区，各个区域的功能划分明显。设计上利用朝北的房间做了独立的储藏空间，靠近阳台一侧为独立的洗衣房，目的是考虑到保姆入住后，可以方便打扫卫生。本案为三个卫生间的设计，次卫原在朝南房间处。设计师对此做了简单的调整，将朝北的门厅处卫生间改为次卫，将原次卫改为朝北房间的独立卫生间，这样两边房间的私密性及静谧性得到了更加显著的体现。

平面图

设计点评

巧妙处理门套与踢脚线的收口

　　整个房间的色彩与材质显得极为丰富。对于过道中的门套与踢脚线，设计师处理得极为细腻。为了方便踢脚线与门套的收口，特意在门套的下方采用了深色的大理石，这样既不容易踢脏，也方便打扫卫生。

开放式书柜注意竖向隔板与横向隔板的前后关系

餐厅往南的休闲区既是午后的休息场所，也是看书的阅读区，设计师还在房间的右边做了整面的书柜设计。设计此类书柜时注意竖向隔板与横向隔板的前后关系，横向隔板应当稍微凹陷于竖向隔板，目的是增加层次感，同时便于以后在开放式书柜的外侧增加门板，防止书柜染尘。

本案运用不同颜色的碰撞，让斑斓的色彩给人耳目一新的视觉感受。走进客厅，仿佛走进了悠远宁静的东方国度却又能感受到现代的摩登与优雅。以黑色与深咖色作为整体色调的基础，通过不同材质和镜面的对比，让空间产生强烈的视觉冲击。东方元素配以流光溢彩的水晶器皿，现代气息的活力让整个空间层次丰富。卧室里叠加的米褐色色调、丝质的床品、恰到好处的灯光，极好地烘托出经典居家的整体气质，令这里温馨而不乏摩登。

平面图

摩登优雅

🏠 建筑面积

126m²

❖ 装饰主材

云石、钛金、钢琴漆、金镜、扪皮、墙纸

👤 设 计 师

史礼瑞

☑ 设计点评

石材和木材结合的沙发背景

　　客厅背景的设计经常会用到大理石，小面积的大理石可以直接用云石胶粘贴，若面积过大就需要干挂。图中沙发墙上的大理石是干挂的，因此需要凸出墙面 3～5cm，同时两边的木质背景也要凸出墙面同样的距离。另外，如果是石材和木材相结合的造型，两边的木质背景要略厚于大理石背景，这样才不会出现断边的现象。

设计点评

合理选择橱柜台面材料

  厨房橱柜台面的选择很有讲究。一是注意其颜色款式，二是注意其材质。台面的常用材质有人造石和石英石两种。人造石具有性价比高、耐擦洗的优点。而石英石则具有硬度高、耐高温、不渗色等多个优点，因此价格不菲。业主应根据自身情况选择合适的材料。

设计点评

卫生间墙面颜色拿捏得当

  卫生间的清理问题一直以来困扰着许许多多的业主。浅色墙地砖在增加房间亮度的同时，易脏与难清理等问题也随之而来。所以在自然光照要求不是特别高的卫生间里，选用深色墙地砖无疑是一个不错的选择，在很好地解决清理难问题的同时，搭配白色的釉面洁具，更增添一份神秘。

本案户型规整,空间动静分明,功能分区较为合理,所以改动不是很大,主要是在餐厅部分作了调整。为了使餐厅空间开阔,在保证厨房面积的情况下,设计师把原厨房挪到北边的阳台,并且将进门的位置往后移,从而扩大了餐厅的面积,同时利用多出的区域,做了独立的衣帽间和进门衣帽柜,使功能逐渐齐全,进门后的视野也得到了很大的改善。此外,为了避免过道里的阳角正对阳角,设计师将其中一面非承重的阳角墙做了斜角处理,使交通流线更为合理,方便人来回走动,并做了一些装饰,以免过于生硬。

平面图

花开半夏

⬛ 建筑面积

150m²

✖ 装饰主材

墙纸、银镜、软包、灰镜、白色护墙板

🏠 设计公司

深圳伊派设计

白色混水的木饰面分隔镜面和墙纸

　　沙发背景采用墙纸和镜面相结合的造型设计，设计师选用白色混水的木饰面将镜面和墙纸做了分隔。由于是现场制作，混水木饰面的线条能够很好地与墙面衔接，且不易出现开裂的现象。相对于后场定制的线条安装的复杂性，现场制作具有一定的优势。

⬀ 设计点评

护墙设计增添餐厅的典雅气息

因为风格的需要，很多设计都会采用护墙的造型。施工时要特别注意，在做完木工板基层处理后，要预留出踢脚线的位置，安装完护墙后再把踢脚线直接贴在上面。踢脚线要压住护墙，同时门套要选择带凹凸的厚线条，门套线要略高于护墙和踢脚线，这三者的关系要分清。

富贵人生

本案为框架结构的建筑设计，除了几根承重柱之外，其他墙体都不存在承重的问题。这给了设计师很多自由发挥的空间。以过道为分隔，西边为私密空间的静区，东边为公共空间的动区。公共区域注重空间效果的设计，而静区的私密空间注重的就是功能和实用的考虑。主卧室利用门背后的过道区域做成了步入式的衣帽间，有效地增加了储藏功能，同时给床和书桌的摆放带来极大的便利。儿童房和次卧的储藏空间则是利用两个空间的开间，做了背靠交错式的设计，有效地利用了房间。

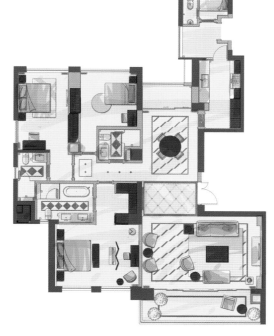

平面图

📐 建筑面积

400m²

🔲 装饰主材

墙纸、茶镜、软包、拼花瓷砖

🏠 设计公司

香港方黄建筑师事务所

👤 设 计 师

方峻 NoahFong

设计点评

利用吊顶和地面拼花自然划分出玄关区

玄关对于整个户型的设计极其重要。此户型的玄关区域划分不是十分明显，因其没有墙体来分隔功能区域。设计时应注意对吊顶及地面进行处理，使吊顶造型和地面拼花自然划分出一个玄关区域。

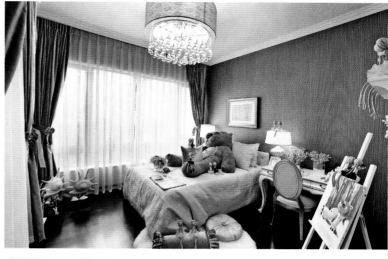

设计点评

玻璃搁板增加洗漱用品的摆放空间

设计师在洗脸池的侧面采用了玻璃搁板的设计，可以给日常的洗漱用品提供良好的摆放空间。注意在施工时，玻璃应当在贴墙砖时一并安装，利用砖缝将其嵌入其中。搁板的高度一般在 35 ~ 45cm，具体高度则需要根据选择的砖的大小综合考虑。

动静交叠的
生活美学

建筑面积

219m²

装饰主材

墙纸、软包、灰镜、石材、特色玻璃

设 计 师

冯建耀

案例说明

平面图

本案原始户型为四室两厅，由于各个房间相互独立，因此形成了较为狭长的过道。设计师将这部分规划成一个套间加两个房间的形式，把原本狭长的过道区域划分到套间内。朝北卧室的门改在从餐厅直接进入，即取消了原卫生间的淋浴位置，同时在过道处设计了衣柜，以增加储藏空间。这样一来，主卧室就形成了书房 + 衣帽间 + 卫生间的豪华配置。靠近客厅的卧室被设计成半开放式的棋牌室，休闲性十足。餐厅靠墙设计，通过灯具将客厅和餐厅自然地划分开来。

设计点评

顶面采用石膏板叠级造型设计

客厅和餐厅区域通过灯具进行划分，对于吊顶采用统一的设计。顶面阴角处做了石膏板叠级的造型，但这类造型设计对材料与人工的损耗较大。因此，有时可以用定制的叠级线条代替，既容易安装，又不易开裂。

设计点评

客厅设计侧出下回的中央空调

客厅设计吸顶式的中央空调，采用侧出下回的方式，而且将出风口设计成一长排的形状。其实真的风口也就是在机器的那部分，其余都是假风口。建议在内部做石膏板将其封闭，不要与原吊顶内部贯通，以免造成后期打扫卫生不便。

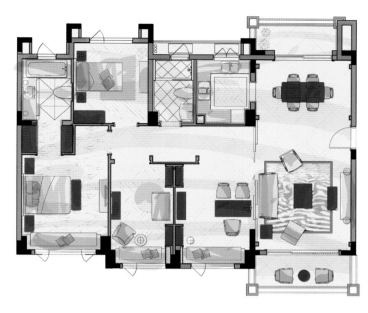

平面图

本案例为四室两厅，业主是一对中年夫妇，有一个15岁的小孩。考虑到后期生二胎，业主的要求是家里尽量不要有太多的墙体，需要给小孩提供足够的活动空间，同时也是为了防止小孩跑动时的磕磕碰碰。为此，设计师将靠近客厅的墙体打掉，用移门作为隔断，把这间房作为半开放式的书房。儿童房设计在朝南的房间，可见业主对小孩的重视。房间内设计婴儿床，利用墙体做了书架，有效地利用了空间。朝北房间设计成儿童房，色调上以白色为主，营造出一种欢快愉悦的生活氛围。

静守的时光

🏠 建筑面积

156m²

❈ 装饰主材

墙纸、软包、银镜、拼花马赛克

🏠 设计公司

香港方黄建筑师事务所

👤 设计师

方峻 NoahFong

⬀ 设计点评

移门应选择上吊轨的安装方式

为了保证空间的开阔性，沙发背景设计成移门的形式。此类移门应选择上吊轨的安装方式，便于打扫卫生以及保证视觉上的完整性。在前期吊顶施工时，要在移门位置进行木工板或者龙骨加固处理，便于轨道安装在顶上。

衣柜设计注意搁板之间的间距

儿童房以简洁实用为主，衣柜设计成透明的玻璃橱，增强了房间的趣味性。设计衣柜时应注意搁板之间的间距，长衣服和短衣服的搁板间距分别为1400mm和950mm。衣柜移门的宽度需要控制在600～900mm之间，避免移门因为太宽或者太高而变形。

跳跃的视觉享受

🖂 **案例说明**

平面图

　　本案为四室两厅的户型。原房子较为独特之处是四室加客厅都为朝南的设计，设计师保留此优点，并将厨房、餐厅、衣帽间及三个卫生间均设计朝北。餐厅和厨房的设计是一个亮点。原本厨房的门洞在餐厅的正对面，但考虑到厨房内能够多做一些地柜，设计师将门洞自然地移到过道区域，且设计成嵌入墙体的移门，从而节省了空间。原移门位置做了半开放式的折叠门处理，靠近餐厅的区域设计成吧台，真可谓一举多得。卧室在客厅和餐厅的东西两边，设计理念上遵循实用为先的原则，利用过道及门背后的区域增加储藏空间。

🔲 **建筑面积**

177m²

🔲 **装饰主材**

墙纸、软包、大理石

🏠 **设计公司**

SCD 香港郑树芬设计事务所

👤 **设 计 师**

郑树芬

现场制作书桌及书柜

为了最大程度地利用书房空间，设计师选择现场制作书桌及书柜的方式。同时，为了表现书柜及书桌台面的厚重感，面板及搁板的厚度应控制在 4 ～ 6cm。施工时可以选择用 2 ～ 3 层的木工板叠加的方式来完成，侧面的缝隙应进行奥松板的贴面处理，便于后期混水油漆的喷涂。

洗脸盆设计成台上盆

  为了达到卫生间墙面与地面的统一，洗脸盆设计成台上盆的形式，台面及柜体都做成大理石整包的效果。由于大理石具有较大的重量，因此台盆的框架需要使用角钢制作。台上盆的高度建议在 50cm 左右。

普罗旺斯的静谧时光

建筑面积

128m²

装饰主材

墙纸、银镜、硬包、石材、马赛克

设计公司

SCD 香港郑树芬设计事务所

设计师

郑树芬

杜恒

✉ **案例说明**

本案为三室两厅两卫的户型，原厨房和餐厅都有各自的区域，但是单个面积都不是太大。设计师在和业主沟通后，将隔墙全部打掉，做成了厨房和餐厅一体的形式。这种形式在西方非常普遍。这样不仅可以放置一个八人位的长条形餐桌，同时还增加了厨房台面的长度，在增加油烟机吸力的同时，又不影响厨房的使用。为了减弱过道空间的狭长感，将书房设计成开放式，间接地利用了过道空间。打掉飘窗的台面，将窗户做成落地式的玻璃窗，提高了飘窗区域的使用效率，扩大了视野，让窗外的景物尽收眼底。

平面图

客厅电视背景墙整体刷白设计

    客厅电视背景做了整面外墙砖刷白的设计。要想制作此类造型，一般有两种方法：一是将电视墙打掉，然后再用红砖按照"工"字形的方法砌筑；二是直接利用外墙砖进行同样方法的贴面，最后统一进行乳胶漆的喷白。相对来说，红砖砌成的方式效果更好。

📮 **设计点评**

过道地面铺贴地板提高舒适性

　　设计师在客厅及过道的地面铺贴地板，目的是提高居住的舒适性。安装时注意地板的方向，通常情况下是顺着长头的方向进行铺贴。这样不仅使空间更加协调，而且可以更加有效地节省地板的使用数量。

轻质幸福

建筑面积
140m²

装饰主材
墙纸、石材、茶色不锈钢

设计公司
牧笛设计

　　本案的客餐厅为一个通厅，餐厅并不是一个独立的空间，同时也兼具过道的功能。通厅看似很大，但空间活动区域有局限。设计师与客户沟通后，将此户型改为三室两厅，其中靠近餐厅的那个房间改成了开放式的书房，解除了过道狭长的尴尬，让其更加通透。在配色上以深色中的暖色、互补色为主，偶尔用一些鲜艳的色彩或者纯色进行点缀，让整个空间既沉稳又不失活泼，再加上家具厚重的质感，一种低调的奢华感便会在你心中油然而生。

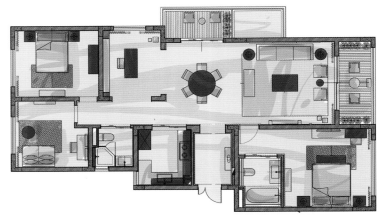

平面图

圆弧形的吊顶与有棱角的家具形成对比

　　客餐厅的吊顶做了圆弧形的设计，从而与地面有棱角的家具形成对比。施工时，需要在地面将木工板进行弯折处的开槽处理，然后将其弯曲后安装在吊顶之上，再以同样的方式处理石膏板，并将其错缝铺贴在木工板上。

茶色不锈钢包边的门套设计

　　本案的门套全部采用茶色不锈钢包边的设计，主要是为了表现房子的奢华与高贵感。施工时注意不锈钢包边的基层需要用木工板，便于不锈钢的安装与固定。

本案为四室两厅的格局。门厅区域做了鞋柜与换鞋凳相结合的设计，在保证美观的同时遵循了实用为主的理念。考虑到进入厨房需要餐厅让出过道位置，设计师便将餐桌往边上转移，在窗台下做卡座的设计，另一面墙则做成西厨形式的高柜，从而合理有效地利用了餐厅空间。过道的尽头是客卫，对门洞稍作调整，让其完整地隐藏起来，避免影响美观。主卧缺少衣帽间的位置，设计师将儿童房的部分区域让出来做成衣帽间，而儿童房则以榻榻米的形式靠窗设计，使房间内的活动区域更大。

平面图

银装素裹

▭ 建筑面积

175m²

▧ 装饰主材

墙纸、石材、
水曲柳饰面板

🏠 设 计 公 司

红杉创意设计

👤 设 计 师

郭骊雷

☑ 设计点评

上下分段形式的鞋柜设计

　　鞋柜设计成上下分段的形式较为实用，中间的台面可以放置一些进门时的随手物品，平时还可以放置装饰品作为玄关的点缀，一举多得。这类鞋柜的宽度一般在 300 ～ 350mm 为宜。

☑ 设计点评

儿童房设计榻榻米增加储藏空间

　　儿童房的床体设计成榻榻米，其内部可作为储藏空间。现场制作时，注意榻榻米搁架的间距，在保证床体牢固的同时高效地利用榻榻米的空间。也可以在床的侧面做抽屉的设计，简单而实用。

本案为四居室且带有保姆间，为了满足业主三代同堂的要求，设计师为此做了精心的布局。从生活习惯上考虑，设计师将主人房和老人房安排在朝南的房间，保证其足够的光照。同时，为了满足老人喜欢品茶的生活习惯，在老人房南侧设计了休闲茶吧，针对性非常强。而常年在外的小孩的房间及客卧则自然而然地被安排到北边。保姆间连同厨房和洗衣间在同一区域，既保证了主人一家三代的私密性，又便于保姆烧饭及打扫卫生。整个设计动静分明，各个功能间相互独立又联系紧密。

平面图

金色年华

🏠 **建筑面积**

180m²

🔲 **装饰主材**

银箔、灰镜、马赛克、雕花板、软包、大理石拼花

🏠 **设计公司**

福州国广一叶建筑装饰设计

👤 **设计师**

叶猛

设计点评

宽敞客厅合理选择沙发组合

　　对于空间较为宽敞的客厅设计，首先需要考虑的是沙发的体积及数量。此客厅面积在 $25 \sim 30m^2$ 左右，设计师根据房型的要求，选择了 3+2+2 的沙发组合，靠近过道区域选择的是不带靠背的矮凳，以保证通行顺畅。其次，宽敞的空间需要对吊顶及背景做一些凹凸有致、立体感强的设计，图中的吊顶就做了石膏板方格的凹凸处理，且用银箔饰面，空间被营造得优雅而华丽。

设计点评

淋浴间的散水处理

设计师根据业主的要求，将次卫的浴缸取消，然后把淋浴空间扩大，从而提高空间的舒适度。对于淋浴间地面的散水处理，设计时可将周围一圈做成散水槽，保证散水的通畅，中间做整块大理石的垫高，且进行拉槽处理，保证其防滑性。

本案户型南北通透，因此，设计师并没有运用隔断将房子分隔成很多的单间，而是利用地面拼花和吊顶的造型自然分隔空间，以保证其通透性和灵活性。次卫设计成干湿分离的形式，给生活带来极大的便利。主卧设计成拥有独立卫生间和衣帽间的小套间。朝北的房间设计成书房，同时保留原飘窗的设计，让书房不仅是看书阅读的场所，同时也是休闲甚至是休息的地方。

平面图

古典新生

建筑面积
205m²

装饰主材
墙纸、软包、车边银镜

设计公司
关镇铨装潢设计

设 计 师
张裕

☑ 设计点评

多个门洞在同一平面应保持齐高

　　过道空间容易出现很多门洞在同一个平面的问题。设计门洞或者过道背景的高度时，要注意它们在同一平面的一致性。一般房门的高度宜设计在 2200mm 左右，到顶的房门则能更加方便地解决收口的问题。

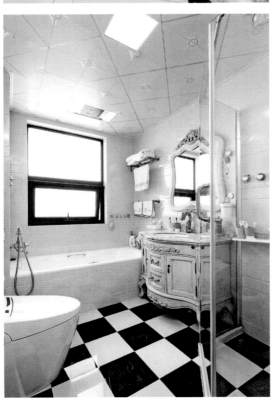

吊柜设计注意别留下卫生死角

　　厨房选择米黄色模压门的设计，深色的台面让空间显得更加稳重。在做吊柜设计时，可尽量将其封到吊顶，不留下卫生的死角。油烟机烟道可以用隐形门将其掩盖住，保证整体性。

本案原始户型各个功能间的划分相对明显，唯一欠缺的就是如何将原本较为宽敞的空间设计得紧凑充实以及储物空间的合理设计。设计师根据整个空间的比例，在进门处隔出门厅的位置，同时将部分空间划分给相邻的房间，通过门厅将客厅和餐厅进行了有序的划分，不至于进门后一览无余，使空间具有层次感。打掉阳台和客厅之间的移门，将阳台做成同客厅连在一起的休闲区，赋予空间更多的趣味性。色彩上以金色和米黄色为主，配以银色和深灰色，尽显空间的奢华与优雅。

平面图

浮华一梦

 建筑面积
180m²

装饰主材
墙纸、金箔、黑镜、米黄大理石

🏠 设计公司
福建国广一叶建筑装饰设计

👤 设计师

叶猛

63

选择成品装饰线条装饰顶面

　　现代家庭装修设计会用到很多成品的装饰线条，既美观又降低了现场制作带来的施工难度。但是在选择这类产品时要注意几点：首先，在造价允许的基础上，建议选择成品实木线条，以减少有害气体对环境的污染；其次，安装时若采用打钉的方式，需要后期进行钉眼的填缝及补漆处理。

圆形吊顶与圆形餐桌互相呼应

　　设计师对餐厅的设计做了精心的安排，在选择圆桌的同时，将吊顶也与之统一成圆形设计，在形式上做到了协调一致，使空间的整体感更加强烈。由于这类圆弧形吊顶的施工难度较大，建议将圆弧吊顶先在地面上做好框架，然后安装到顶面，再进行后期的石膏板贴面，从而简化施工难度。

本案为三代同堂的设计，三个房间是最基本的配置。因此，设计师在客厅区域划出部分空间作为书房，利用书架自然地将二者分开，在具备基本功能的基础上又不阻碍视线。厨房分为中厨和西厨，西厨兼具连接中厨和餐厅的作用，可以增强做饭时的趣味性。原户型的过道区域比较狭窄，不符合大平层的设计特点。因此，设计师牺牲卫生间和小房间，将过道区域设计成方形的过厅，大气的设计将房子的气质升华到另一个高度。主卧室和儿童房分别配备独立卫生间和衣帽间，功能齐全，提高了生活品质。

平面图

新古典气质

🏛 建筑面积

130m²

🔲 装饰主材

墙纸、金箔、车边银镜、透光云石、米黄大理石、拼花瓷砖

🏠 设计公司

香港方黄建筑师事务所

👤 设计师

方峻 NoahFong

📤 **设计点评**

儿童房的地面铺设地毯增加舒适性

为了保证房间的舒适性和体现一定的生活品质，设计师把儿童房的地面设计成了地毯。地毯的铺设对于原始地面的平整度要求较高，建议在原始地面做 30mm 高度的水泥找平，以提高后期的脚感。地毯铺设时需要注意拼花处理，要保证花纹的完整性。

平面图

本案面积仅105m²，格局上做到三室两厅两卫实属不易。设计师根据业主在家烧饭很少的情况，把部分厨房空间让给原本并不宽敞的餐厅，同时利用玻璃隔断划分出入户的玄关，避免了进门后的一览无余，并最大限度地将餐厅与门厅融合在一起。设计师利用厨房外的设备平台，将洗衣机放置其中，解放了朝南的阳台，带给业主一个极为舒适与阳光的空间。软装设计上，为了突出港式风格的精致优雅，同时烘托出现代时尚的气息，设计师运用不同颜色的碰撞，让斑斓的色彩给人眼前一亮的视觉感受。

低调的华丽

⌂ 建筑面积
105m²

装饰主材
软包、大理石、镜面茶钢、直纹桃花蕊木饰面、亚克力

设 计 师

梁楚芬

木质护墙造型的电视背景

电视背景设计成木质护墙的造型。在前期水电施工时，需要在墙面放样，大致计算出电视插座的位置，保证其在某一块板材的中间位置，以增强视觉的美感，也便于后期护墙的安装及开孔。

打掉飘窗台扩大卧室空间

将飘窗台打掉，扩大卧室空间，同时，将窗帘转移到窗户口，还做了石膏板暗窗帘盒的设计。此类形式的设计适用于窗户外开的窗户。对于那些窗户上沿没有空间且内开的窗户，无法单独做暗藏式的窗帘盒设计，建议直接用轨道加窗幔的形式。

迷裳

📐 建筑面积

150m²

🎛 装饰主材

墙纸、灰镜、软包、
雕花密度板

🏠 设计公司

陆定标空间设计工作室

👤 设计师

陆定标

✉ 案例说明

　　本案设计师根据业主的要求将厨房空间做成开放式，并由此设计了吧台等极具趣味性的功能区。主卧原本带有半独立的衣帽间，但是去卫生间要经过该区域，给生活上带来极大的不便。所以，设计师改在过道两边设计衣帽柜的形式，增加了较大面积的储藏空间。在设计上本案定位成奢华古典风格，墙面与地面的色彩以浅色为主，配以深色的古典家具，形式上讲究对称美。

平面图

圆形吊顶搭配圆形餐桌

　　餐厅区域根据圆形餐桌设计了圆形的吊顶，同时在顶面设计了中央空调，因此，出风口就需要定制成圆弧形状。建议在出风口定制完成后再进行开孔，以免出现安装不到位的现象。

悬空式的台下盆设计

　　台盆是卫生间的重要角色。本案设计了悬空式的台下盆，这样做的好处是能保证地面砖的完整性。同时，由于悬空的原因，不会出现柜体因为泡水而霉变的现象，还有就是在打扫卫生时不会留下死角。

　　本案设计师充分利用建筑本身的特点，以现代简约的风格、厚重又不失简朴的笔触，进行了精心灵秀的描摹。开放式客厅通透而优雅，门左侧与大推拉窗两边稳重的实木造型柜互为呼应。餐厅和厨房以时尚的玻璃木条推拉门相隔，嵌入式茶镜酒柜在柔和的橘黄色光衍射下影影绰绰，洋溢着温馨愉悦的气息。"U"形钢玻璃构架楼梯刚柔相济，苹果形灯饰流线垂布，似星星点点罩于其间。楼体与玻璃交相辉映，幻化出层层叠影，给人无限联想。

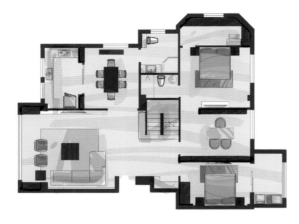

一层平面图

二层平面图

建筑面积

330m²

装饰主材

灰镜、软包、石材、
仿古砖、木饰面板

设计公司

福州华浔品味装饰设计

设计师

张育权

灯槽吊顶注意空调出风口与灯带的距离

灯槽吊顶是许多设计师钟爱的顶面造型。吊顶制作的过程中只要留好灯槽的距离，保证灯光能放射出来就行，但是当吊顶有中央空调时，空调的出风口往往会影响风口附近灯带的寿命。为了避免这个问题，在设计和施工过程中，要调整好风口的位置，尽量保证与灯带在一个安全合理的距离之内，从而做到互不影响。

瓷砖上墙的电视背景

设计师将电视背景做了瓷砖上墙的设计，石材的纹路清晰可见，将空间装扮得大气而靓丽。施工时需要注意砖的材质，若为全瓷砖或者玻化砖，则需要使用专门的玻化砖胶粘剂，其较好的黏结性能可以有效防止瓷砖的脱落。

本案着重采用白色调及改良后的几何图案做搭配，摒弃了过于复杂的装饰，简化了线条，从整体到局部都精雕细琢，给人耳目一新却不失古典优雅之美。入口处白色波浪板上流动的线条带来回归自然的清新感，地面花瓣形的拼花精致而典雅。客厅电视背景采用线条图案搭配硬包的形式，在新古典的蕴味中略带中式风味。客厅、餐厅的天花和地面的拼花相互对应，彰显出整个空间的规律性。从空间布局上而言，入口玄关处设置储藏室和外卫，门厅呈扩散型布局，左入口为公共区域，敞开式的空间将客厅、餐厅、厨房及书房连贯起来，右边为私密空间，有客房、儿童房和主卧及更衣室。

平面图

新装饰主义

📐 建筑面积

178m²

▦ 装饰主材

白色亮光木饰面板、石材、进口砖、皮革软包

🏠 设计公司

上海桂睿诗建筑设计

👤 设 计 师

范张义

 设计点评

弧形吊顶让空间显得更加大气

　　为了丰富大空间的内容，吊顶从方形变成了圆形或者弧形。在施工过程中，弧形吊顶在根据弧度打好龙骨后，不要急着上石膏板，应该先用木工板开多道小槽，做成同样的弧形，进行加固衬底，之后再上石膏板。这样石膏板就不会因为搁置时间太久而开裂、变形，弧形吊顶也更加精致。

卫生间选择防潮石膏板

　　该卫生间的吊顶设计采用了石膏板进行贴面，主要是为了将卫生间同室内其他空间的风格做到协调一致，且其多变的造型更有利于将卫生间做得生动而富有层次。由于其较潮湿的空间特质，建议选择性能较好的防潮石膏板和防水乳胶漆，防止吊顶遇水发生霉变。

娴静淡美

建筑面积

100m²

装饰主材

手扫漆、大理石、羊毛毯、
手绘墙纸、布艺、
木拼地板

设计师

史礼瑞

 案例说明

　　本案的整个空间在硬装上是简化过的欧式格调，白色、米色以及直线条和方格的组合，明朗而利落，后期装饰上则加入跳跃的色彩及精致的小饰品。从空间布局上可以看出男女主人倾向于西方的生活方式，开放式的动线可以让他们的互动更为密切。没有实体造型的区隔，而是运用家具、植物或者光线制造端景。讲究的材质将空间衬托得精致唯美，深浅色调的搭配营造出空间的优雅。没有繁复的图案，没有丰富的色彩，也没有奢华的用材，却给人一种无以言表的品质感与舒适感。

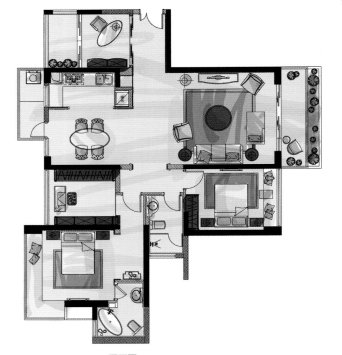

平面图

卧室保留原建筑飘窗的设计

　　主卧保留了原建筑飘窗的设计，但在飘窗外侧做了暗藏式窗帘盒的设计。此处石膏板的吊顶与墙面交接处做了挑檐的处理，目的是便于墙纸与石膏板的收口，使材质交接自然而不牵强。

衣柜层板之间设计灯带

衣帽间的衣柜层板之间设计了灯带。在现场制作的过程中，要预留好灯带的空间，同时也要保证这个空间距离能让灯光反射出来，不然就达不到灯光美观的作用。同时，衣柜层板在一定长度之内不需要加厚，但如果超过 1m 的长度，就需要使用双层板，以免在重力的作用下发生变形。

品味经典美式

建筑面积

373m²

装饰主材

胡桃木饰面、米白色木饰面、墙纸、石材、仿古砖、皮革软包

设计公司

上海桂睿诗建筑设计

设计师

范张义

✉ 案例说明

本案没有太多造作的修饰与约束，所以不经意中也成就了另外一种休闲式的美式经典风格设计。客厅作为待客区域，简洁明快，同时在设计上较其他空间要更明快光鲜。公共空间高挑的中空结构，搭配一盏流光溢彩的水晶灯饰，再加上适度柔美的皮革软包，让生动的层次活化空间。一整面玻璃门窗、美式古典电视柜以及拱形门洞与挑台的设计，简单的几何线条却有着强大的亲和力。

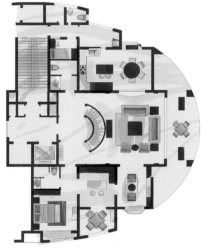

一层平面图

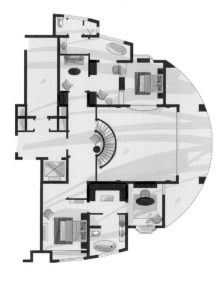

二层平面图

玄关处的护墙板设计

护墙板的设计既大气又不失温情暖意。注意墙面在上护墙板之前，必须先用木工板衬底，然后再上护墙板，最后把石材踢脚线压在上面，这样的施工工艺才不会出错。同时，石材的门套线又要略凸出于踢脚线，既可以很好地解决收口问题，也更加富有层次感。

独立浴缸彰显生活品质

独立浴缸造型美观大气、新颖时尚，在一些大宅中被广泛使用。值得注意的是，在水电施工阶段就要确定好浴缸的尺寸及放水方式，其中包括立式水龙头的尺寸、高度等，这样才能保障今后的正常使用。

拼花马赛克装饰卫生间墙面

主卧卫生间选择壁画马赛克造型，主要考虑的是其圆弧形墙面的特殊性。马赛克的可折叠性满足了圆弧形墙面的特点，同时，人物画的造型增强了空间的艺术气息。

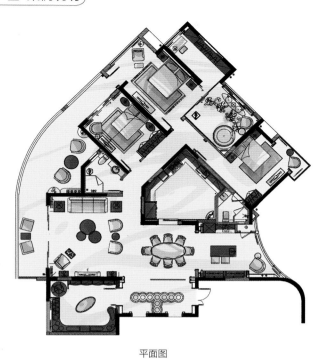

平面图

本案原户型为四室两厅，根据客户需求，设计师将其中进门口的一个房间改成衣帽间，变为标准的三室两厅。整体以米色作为主色调，搭配咖啡色系来凸显优雅与内涵。在材料上比较多地使用到大理石、镜面不锈钢等，搭配水晶、绒布、皮质等后期装饰，营造出如同施华洛世奇水晶般的高贵与华美。同时，随处可见的与音乐和艺术有关的雕塑品与小摆件，更是烘托出空间的艺术氛围和内在灵魂。置身其中，感受小提琴的旋律、咖啡的香气以及卡夫卡文学的魅力……仿佛置身于艺术之城维也纳，跟着华尔兹舞曲，感受空间的变奏。

变奏华尔兹

🖛 建筑面积

280m²

▨ 装饰主材

墙纸、软包、水晶帘、石材、镜面不锈钢

👤 设 计 师

史礼瑞

镜面装饰增加奢华效果

　　奢华的元素从来不缺镜面装饰，然而镜面的安装是有要求的。如果镜面的面积较大，在施工过程中就不宜直接贴在原墙上，因为原墙的面层无法承受镜面的重量。若粘贴得不牢固，墙面又会显得不美观，所以一般会先在墙面打一层九厘板，再把镜面贴在九厘板上。

卧室墙面安装软包凸显温馨浪漫

软包的墙面是时下比较流行的装饰手法之一，设计的时候注意它与墙面的过渡要自然，不然效果会适得其反。施工时须注意软包与边条之间的距离，应根据面料厚度决定留缝的大小，一般在 1.5 ～ 3mm 之间。

☑ 设计点评

阳台增加休闲区的功能

　　设计师为了保持阳台的原生态及较好的通风效果，并未选择将阳台做成封闭的区域，而是充分利用室外美景，将其改造成一个休闲区。建议在做阳台墙面处理时，不要将原有阳台的保温层铲除，让其继续发挥隔温、隔热、隔音的良好效果。

　　本案为三室两厅户型，在同业主沟通后，需要保留三个房间的设计。因此，如何做出一个小书房就成了首先要解决的问题。设计师将餐厅和过道规划成一个整体，沿着窗台做了整排的书桌，圆桌放置在中间位置，让书房找到了属于自己的位置。同时，书房半开放的形式还给客厅的设计带来一定的影响，设计师用隔断作为沙发的背景，把空间做大。同样为了保证开放性，厨房的水槽被设计成45°放置的形式，无形中将移门的面积扩大，和整个客厅的敞开式形成呼应。主卧利用衣柜柜门对卫生间门做了隐藏的设计，使房间的整体性更强。

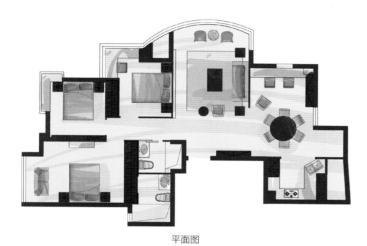

平面图

黑白森林

🏠 建筑面积

155m²

▓ 装饰主材

微晶石、木饰面板、软包、墙纸

🏠 设计公司

易百装饰设计

👤 设计师

冯易进

利用隔断作为沙发背景

　　作为沙发背景的隔断是后期安装品，需要在地面和顶面进行固定。顶面固定需要前期在安装的位置做木工板固定处理。地面固定时需要特别注意户型是否安装了地暖等冷暖设备，地面打眼必须考虑钉眼是否会打到地暖管道等。若安装了地暖，可以选择地面胶粘的方式来固定隔断。

⧉ 设计点评

台盆柜与镜子的风格
互相统一

　　卫生间的台盆柜与镜子的风格做到了完美统一。在打孔安装镜子时，需要考虑墙面是否有水电线管。打眼时注意避开原本标示好的水电线管，避免出现危险。

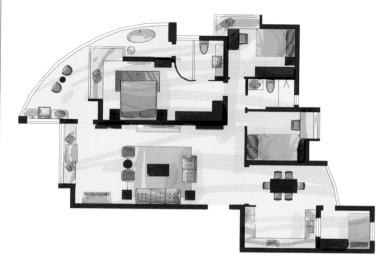

平面图

本案的设计秉承了一贯的大气，在家具和饰品上以华丽的优雅来诠释。开阔的空间内摆放着做工精致的家具，统一的深褐色，如同品味一杯香浓的咖啡，无时不散发着沉稳和优雅的气息。功能上由于原来餐厅的宽度较窄，于是把厨房和餐厅之间的墙打开，让空间更为开阔。但在客厅和餐厅之间加了一道隐形门，这样既可以阻隔做饭时的油烟，又可以拥有开放式厨房，一举两得。在主卧的阳台上放置浴缸，配上金色的窗帘，一个美美的日光浴就在等着你了。

重温古典旧梦

🏠 建筑面积

170m²

▦ 装饰主材

墙纸、木饰面板、米黄大理石、磨花茶镜

👤 设计师

苏颖

把门洞改造成壁龛造型

　　本案主卧室中的原门洞设计得很有亮点，正好改造成一个壁龛，将矮柜嵌入墙体，再打上灯光。注意壁龛颜色尽量和家具、门以及门套保持一致。在设计壁龛的高度时，应注意壁龛底部要预留踢脚线的位置，顶部与门头齐高，尽量保证立面高度的一致性。

利用吊顶区分厨房和餐厅

厨房做了开放式的设计，利用吊顶将厨房和餐厅做了区分。餐厅采用木地板上顶的设计，独特而具有魅力。施工时要注意先做木工板的基层处理，便于后期将地板采用打钉的方式固定于顶面。

本案为上下两层，五室两厅，户型方正，阳台带弧。挑空的客厅、长条形的阳台和大面积的采光面，是此户型的特点和优势。设计师在和客户沟通后，决定进一步扩大客厅和餐厅的开阔面，餐厅选择地台式，增强了空间的层次感，使整个厅更加气派。一般复式房中的楼梯也会直接影响到房屋的整体感，本案的弧形楼梯打破了方正规整的格局，让整个空间变得灵动。二楼的楼板也随楼梯改成了弧形，活泼的气氛自然呈现。

一层平面图

二层平面图

流金岁月

🏠 建筑面积
381m²

🔲 装饰主材
大理石、瓷砖、玻璃、墙纸、马赛克

👤 设计师

梁楚芬 sandyleung

餐厅圆形吊顶的制作工艺

在很多大的餐厅，用圆桌配圆形吊顶，显得大气奢华。圆形吊顶的制作过程，不只是在石膏板上开个圆形的孔洞那么简单。除了石膏板常用的辅材以外，还需要想办法加固圆形，不然时间长了，吊顶会容易变形。一般会选择用木工板裁条框出圆形，然后用木工板做基层，再贴石膏板。这样做成的圆形会比较持久，也是一种常见的工艺。

主卧床头背景设计软包

　　主卧床头背景做了软包，温馨而不失华丽。在做此类床头背景设计时，需要注意比例的控制，应提前确定床的尺寸，便于软包造型的设计。同时，安装软包应做好木工板的基层处理，且水电施工时要预留正确的开关及插座位置，避免其出现在材质的交接处。

本案户型三室两厅，功能分区清晰，客厅和餐厅区域为南北方向，其他私密空间为西南方向。空间面积的分配比较合理，唯独厨房不太符合大户型的配置。设计师在和业主沟通后，将北边阳台划分给厨房，扩大厨房的面积，同时，利用橱柜的深度，把部分空间分给客卫，从而刚好多出一个淋浴房的空间，让原本小空间的客卫使用率更高。另外，设计师巧妙地规划了一个开放式的书房，书房边还设计了一个室内小景，尽显整个房屋休闲儒雅的气质。

平面图

温情家园

🏠 建筑面积

238m²

▨ 装饰主材

墙纸、魔块、金箔、软包、拼花瓷砖

🏠 设计公司

王坤室内设计工作室

👤 设 计 师

王坤

**顶面与地面的造型
相互呼应**

　　无论什么风格的设计，都应力争做到相互呼应，如背景墙上的装饰对称，色彩上的协调呼应，还有顶与地的造型对应。本案门厅设计了椭圆形的吊顶，因而在地面拼花的设计中也相应选择了椭圆形的铺砖拼花方式。两个造型的大小相当，从而达到上下呼应的效果。

台盆侧面与顶面设计大理石垭口

　　卫生间的台盆设计成嵌入式,将侧面与顶面做了统一的大理石垭口设计,整体凸显高端大气。大理石需要提前进行开孔处理,包括顶面射灯的开孔,以免后期大理石安装到位后无法现场开孔。

案例说明

　　本案面积为 90m², 每个空间都需要合理利用, 敞开式的厨房与客厅和餐厅之间的过渡, 还有长条形的过道, 都是设计的关键。公共空间中的客厅和餐厅在同一条直线上, 为了保证开阔性和通透性, 没有必要再刻意进行硬性分隔, 只是利用家具的围合做了简单的功能划分。背景墙的精心设计, 给人带来耳目一新的视觉感受。次卧空间虽小, 却是五脏俱全, 沿墙设计成一个榻榻米, 三面的围合感让人觉得温馨舒适。此外, 将书房和洗漱区单独分出, 形成干湿分离, 而开放式书房则缓解了过道狭长的尴尬。

平面图

🖿 建筑面积

90 m²

❖ 装饰主材

银镜、木花格、木纹砖、
雅士白石材、
白色混油木饰面

🏠 设计公司

苏州雅集室内设计

👤 设 计 师

金卫华

不锈钢隔断分隔厨房和客厅

　　厨房空间采用了开放式的设计，与客厅之间采用不锈钢材质的隔断，不仅有效地做了功能区域的划分，还起到了加长电视背景、丰富装饰效果的作用。安装不锈钢隔断时应采用玻璃胶固定的方式来保证其稳固。

次卧安装移门节省空间

次卧面积比较小，为了节省空间，设计师选择了移门。选择移门时应考虑移门与平开门的区别，用更有效的方式解决移门不严实的弊端。在施工过程中，藏门的一面墙要薄于另一面墙，落差至少 6cm，以便让门直接装在厚的门垛上，一边靠实，避免两边漏缝。

优雅姿容

建筑面积
200m²

装饰主材
墙纸、软包、雕花银镜

设计公司
香港方黄建筑师事务所

设 计 师
方峻 NoahFong

案例说明

平面图

本案为三室两厅的大平层，四个卫生间的设计让生活变得便利。设计师利用 2m² 的面积设计了门厅，只有穿过门厅才可以进入餐厅和客厅，这种功能间依次递进的设计非常适用于 200m² 左右的房子。餐厅面积超大，配备八人条形桌，桌子靠墙放置让出了过道的位置，且和相邻的墙面做了整体的设计。客厅与厨房保留了较大的阳台空间，充分做到了人与自然的完美融合。穿过过道是较为隐私的卧室区域，主卧超大的储物间和豪华卫生间体现了主人对生活品质的极致追求。

**卡座式处理有效
利用空间**

　　书房开间不大，进深
较长，设计师为此将书桌
做了靠墙的处理，利用墙
体将沙发设计成卡座式，
从而有效利用了空间。对
于侧面护墙的设计，前期
需要在墙体满铺九厘板或
者木工板作为基层，便于
后期的安装。

🖅 设计点评

厨房设计石膏板吊顶

厨房空间采用石膏板吊顶，摒弃了集成扣板吊顶的设计，让其在风格上与客厅和餐厅互相呼应，使整体感更强。但注意吊顶需要选择防潮的石膏板作为贴面，再配以防水乳胶漆，让厨房里的水汽不会对其产生影响，从而提高厨房装饰的保质期。

建筑面积

165m²

装饰主材

大理石、刷纹地砖、欧风壁砖、进口墙纸、复式气密窗、情境 LED 照明灯

设计公司

杨英智设计事务所

设 计 师

杨英智

案例说明

本案位于顶楼边间，先天格局不佳，动线受阻且多畸零地，即使有充足的采光也无法在空间中自由流通。经设计师与业主多次讨论之后，格局重新解构、建构、再型塑，重现法式的优雅气息与细腻的线条细节。轻轻推开白色的门扉，便开启了对家的想象。进入玄关，天花板穹顶由 12 片几何体构筑而成，利用以色列马可楼的概念围塑出庄严、典雅的氛围。细节处运用法式廓柱、雕花、线条，工艺精细考究，也巧妙地体现出业主一家人对信仰的虔诚。

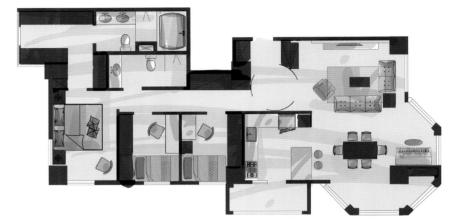

平面图

过道设计异形的吊顶形式

　　因为风格设计的需要，在过道上出现了异形的吊顶形式，门洞也同样是弧形。在施工过程中需要特别注意，在打好龙骨后，应该先用木工板开小槽，做成同样的弧形加固衬底，之后再上石膏板。如果不是圆顶，也需要在挂吊灯的位置用木工板加固。

☑ 设计点评

台盆柜不落地的设计方便打扫卫生

　　卫生间以白色作为主色调,空间洁净靓丽。设计师对台盆做了非常精心的安排,将柜体设计成不落地的样式,一是防止卫生间的积水对柜体造成损坏,二是便于打扫卫生及拖地,一举两得。

城市之春

建筑面积
146m²

装饰主材
大理石砖、墙纸、软包、马赛克、护墙板

设计公司
由伟壮设计

设计师
由伟壮、杨健峰

✉ 案例说明

　　本案设计师在空间格局上作了调整，餐厅与书房之间增加了一个餐边柜，使得餐厅的功能更加齐全。取消客厅与阳台之间的移门，让两个空间互相通透，无形中加强了公共空间的连贯性。设计上没有采用过多的造型，而是大面积使用白色的护墙板、浅灰色的墙纸以及深色的硬包，通过后期放置精美的家具与饰品点亮整个空间。柔顺的绒布沙发与长毛地毯的选用，给这个相对刚性的空间注入了细腻的情感。蓝色的窗帘与抱枕就像跳动的精灵，让整个空间充满了活力。

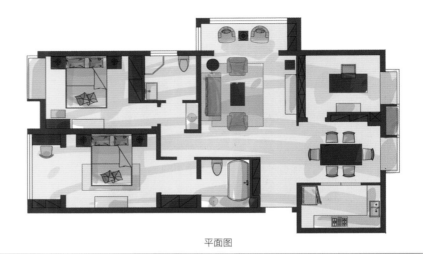

平面图

客厅顶面铺贴马赛克

简欧奢华风格中，有时候少不了马赛克的装饰。而马赛克用于卫生间、厨房时采用水泥加黄沙的铺法，但是用于顶面时，需要先用木工板打底，再用胶直接贴在木工板上，最后在四周用石膏板抵住。完成面要低于石膏板面，以解决收口的问题。

📧 **设计点评**

卧室一侧摆设化妆台

梳妆台一般设在靠近床的墙角处，并在两侧补充一定的光源。这样，既可以让梳妆镜从暗处反映出梳妆者的面部，又可通过镜面使空间显得宽敞，而且光线能均匀照于梳妆者的面部，使化妆不至于失真。

厨房墙面和地面分别铺贴不同风格的瓷砖

　　厨房的墙面和地面选择了两种风格的瓷砖。墙面选用高光亮面砖，使厨房整洁大方；地面则采用黑色的亚光砖，一是在颜色上同墙面形成呼应，二是其稍微粗糙的表面，具有一定的防滑和耐脏性。

地中海的宁静

建筑面积

320m²

装饰主材

石材、柚木地板、铜条、皮革软包、白色混油木饰面、樱桃木素色木饰面

设计公司

北京根尚国际空间设计

设计师

王小根

📧 案例说明

　　本案为四居室的豪华大平层，空间以一条走廊划分，右侧为公共区域和老人房，左侧为书房、主卧室和儿童房，书房与主卧室分别设计了观景阳台。在原始布局的基础上，将走廊尽头的区域整合为主卧区，并设计了具有枢纽功能的主卧室过厅。公共区域的餐厅、西厨、中厨排列在一条轴线上，客厅与餐厅融于一体，保持了空间的通透。公共空间的立面使用新西米石材，并配以多立克式柱，顶面为铜条镶嵌工艺与石膏拼花造型的结合；主卧卫生间的地面铺装借鉴了东方古代的铲币造型，赋予空间吉祥寓意。

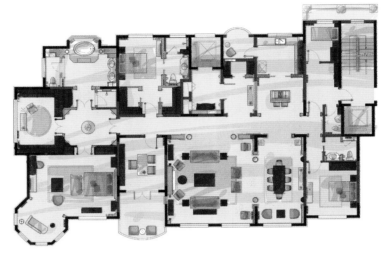

平面图

📷 设计点评

床头背景应与卧室家具相呼应

　　床头背景的大小需要根据床和床头柜的尺寸来设定，做到家具与背景的呼应。由于图中的床属于高床头背板的样式，所以在做中间背景的设计时不宜繁复花哨，应以简洁为主。两边的车边镜则需要在原墙体进行木工板的基层处理，便于后期的安装。

明装窗帘盒的合理尺寸

　　休闲区不做吊顶的设计，而是用木工板加石膏板做成明装窗帘盒，双面刷乳胶漆。窗帘盒预留的宽度要合理，双层窗帘应留 18 ～ 20cm 的单槽，而单层窗帘则只需要预留 10 ～ 12cm 的单槽。下挂的高度在 12 ～ 18cm。

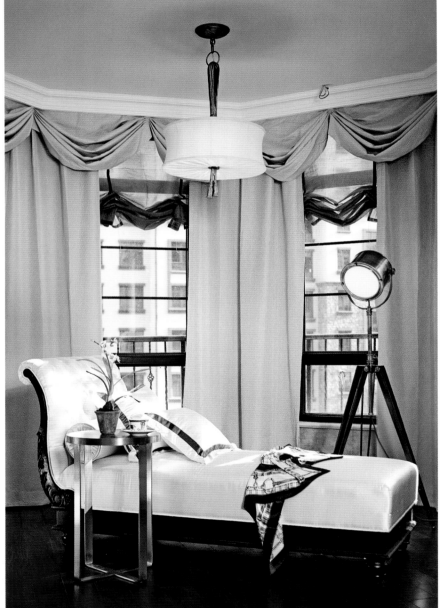

　　本案户型为三室两厅，客厅和餐厅南北通透，户型方正规整。进门左手边做了一个衣帽间，并用酒柜的形式，划分餐厅和衣帽间。同时，为了增加空间的开阔感，特意去掉北阳台与餐厅之间的移门，将北阳台纳入餐厅，厨房的门也尽量扩大，让空间具有延伸感。此外，狭长的过道会使空间显得压抑，为了改善这一状况，设计师将过道卫生间干湿分离，让过道延伸出去，不再是狭长形，从而在视觉上不再感到压抑。

平面图

优雅风韵

📐 建筑面积

150m²

装饰主材

仿大理石砖、墙纸、实木地板、白色木质护墙板

🏠 设计公司

由伟壮设计

👤 设计师

由伟壮、王伟

📮 设计点评

白色装饰柜起到餐边柜的功能

　　餐厅利用墙体厚度设计了白色装饰柜，简单实用。出于实用和美观的需要，很多家庭会做一些超长的搁板，建议采用双层细木工板制作，这样可以有效避免长期使用后搁板中间部分向下弯曲的尴尬。

本案户型方正，客厅和餐厅南北通透，三房两厅两卫，空间分布比较合理，让人觉得比同样大小的户型更开阔。设计师根据业主喜好，在设计上选择了后现代的奢华风格，硬装简约大方，而后加入了一些奢华的元素。例如，在电视背景上运用了镜面和黑钛不锈钢，顶面也用了部分镜面与之相呼应。还有就是在家具的选择上，用了一些银色和金色的搭配，再点缀水晶灯和不锈钢亮面之类的饰品，打造出奢华之美。

平面图

演绎雅致美家

🔧 建筑面积

160m²

装饰主材

墙纸、银镜、硬包、石材、雕花板

🏠 设计公司

深圳太合南方建筑室内设计事务所

👤 设计师

王五平

硬包与镜面装饰电视背景

后现代奢华的电视背景运用了大面积的硬包和镜面，大气至极。但在制作的过程中需要注意其中的工艺：大面积的镜面不能直接上墙，需要先用九厘板做基层；安装硬包同样也需要用木工板做基层，以利用基层板的厚度做出厚度差，最后利用黑钛不锈钢收口。

现场制作餐边柜

餐厅装饰柜是现场制作，为了保证其厚重、沉稳的装饰性，通常采用双层木工板加奥松板贴面的制作方法。同时，采用双层木工板的设计可以有效增加装饰柜的使用寿命，具有较强的稳定性。